ごみゼロ大作戦！

監修 浅利美鈴

3 リフューズ・リペア

はじめに

リフューズとリペアは、どちらもリデュース（ごみになるものを減らす）の一種です。ですが、わたしにとっては、同じなかまと思えないくらい、とても個性的な存在です。みなさんは、どう思いますか？

リフューズは、「ことわる」という意味の英語ですが、ここでは「ごみになるものを自分の意思でことわって、ごみになるものを減らす」ことを意味します。たとえば、レジぶくろ。無料でもらえるお店で、何気なくもらってしまうことはありませんか？　これを、「不要だからもらわないようにしよう」とあなたが決心して、お店の人に「わたしはレジぶくろはいりません」とつたえれば、それでひとつ、ごみは減ります。そう、お金も時間もかけずにできる行動なのです。でも、それだけではありません。もしかすると、お店の人は「いらない人もいるんだ。じゃあ、これから、ひつようかどうかきいてからわたすようにしよう」と思ってくれるかもしれません。それは、あなたの意思が、広がっていったということなのです。

つぎにリペアです。日本語では修理や修繕といいますが、わたしがいちばんに連想するのは、職人さんです。こわれたものやいらなくなったものをうまく直すのを見たことがありますか？　解体して組みたてなおしたり、みがいたり、つくろったり、まったくべつのもののようにつくりなおしたり……その技と知恵にはほれぼれします。これも、直して長く使えるようにしますので、新しく買う必要がなくなる、リデュースの一種です。

このように、まったくちがうように見えるリフューズとリペアですが、どちらもかならず「気持ちがこもらなければできない」「ものへの愛情がなければできない」ことであるという共通点があると思います。

ものへの愛情を持って、それをつくってくれた人や環境に感謝して、ひつようなものを選び、たいせつに使い、使いおわっても活かす……そんな考え方やくらし方が少しでもできるようになれば、身の回りのものはすべて「いきもの」のように見えてきませんか？

もし、そんなふうに見えてきたとしたら、それは、あなたが「Rの達人」になかま入りした証拠です！

浅利美鈴

もくじ

はじめよう！ごみゼロ大作戦！

ぼくは「Rの達人」。
「R」とは、ごみをゼロにする技のこと。
長年の修行によって、たくさん身につけた
「Rの技」を、これからきみたちに伝授する。

さあ、めざせ！Rの達人！

いっしょにごみをふやさない社会をつくろう。

「Rの技」

リデュース Reduce
リユース Reuse
リサイクル Recycle
リフューズ Refuse
リペア Repair
レンタル&シェアリング Rental & Sharing

この本の本文には、環境にやさしい再生紙とベジタブルインキを使用しています。

きみたちが、ごみを減らすためにできることってなんだと思う？
「リフューズ」は、わたしたちの気持ちひとつでできることなのだ。

リフューズって、なあに？

4
レジぶくろ
いりますか？
レジぶくろ
いりません
いりません。
5
そのまま
マイバッグに
入れるんだね。
6
家に帰ってからも、
ふくろのごみが
でないね。
ごみを出さないように、レジぶくろや容器包装をことわること。
これがリフューズ！

〜達人（たつじん）の極意（ごくい）〜

達人の極意

リフューズ

とは

ごみになる
ものを、
ことわること。

ことわるって、むずかしいんじゃない？
口に出すのが、はずかしい気持ちになることもあるかもしれないね。
たとえば……スーパーマーケットのレジで
「レジぶくろいりません」という気持ちをつたえるカードを使うこともできる。
レジぶくろいりません
レジぶくろをもらうと
ごみになる。
マイバッグに入れてもらえば
ごみにならない。
そっか。そうやってまずは勇気を出して、ことわるようにしてみよう。
そうだね。ごみになるものは、もらわない、使わない。では、どうしたらいいか見てみよう！

使う？ 使わない？「使いすて商品」

手間いらずでべんりな、使いすて商品。でも、すてたらみんなごみになるね。どんなものがあるか見てみよう。

そうざいのパック

スーパーマーケットで売っているそうざいは、調理の手間がなく、おいしい料理を手軽に食べることができるが、使いすての容器が使われている。

電池

充電式の電池を活用すれば、何度もくりかえし使えるので、ごみを減らすことができる。電池は使いおわったら、かならず分別・リサイクルしよう。

紙コップ、紙ざら、わりばし、使いすてスプーン

使いすての食器は、あらいものをしなくていいので楽だが、ほとんどがごみになってしまう。

紙ナプキンやティッシュペーパー

よごれなどを手軽にふくことができるので、ついついたくさん使いがち。こぼしたものをふくときは、布のふきんを使うなど、くふうしよう。

ペットボトル

ペットボトルは、飲みおわってもすてずに、お茶や水を入れて水とうがわりに使おう。すてるときは、かならず資源ごみとして出そう。

安くて軽くて、きれいに使える使いすて商品はべんりだ。でも、ごみになることを考えて、本当に使うべきかよく考えてみよう!

ことわる？ ことわらない？「包装」

ふたりの買いものの中身をくらべてみよう。
ひとりは包装をことわったり、つめかえ用を選んだりした人、ひとりは包装があるものを選んだ人だよ。どっちのごみが多いかな？

包装をことわる人

ばら売りのくだもの

つめかえシャンプー

ビニールぶくろに入れた魚

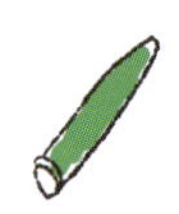

ペンのかえインク

ごみ

つめかえたあとのシャンプーの容器

使いおわって、からになった、かえインク

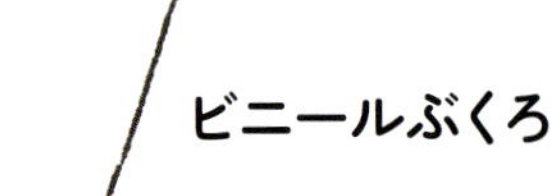

ビニールぶくろ

包装のないばら売りのくだものを選んだり、中身だけをとりかえるつめかえ製品を選んだりすることも、リフューズのひとつなのだ。

1回の買いもので、これだけごみの出る量がちがうんだね

包装をことわらない人

レジぶくろの中

ふくろづめのくだもの

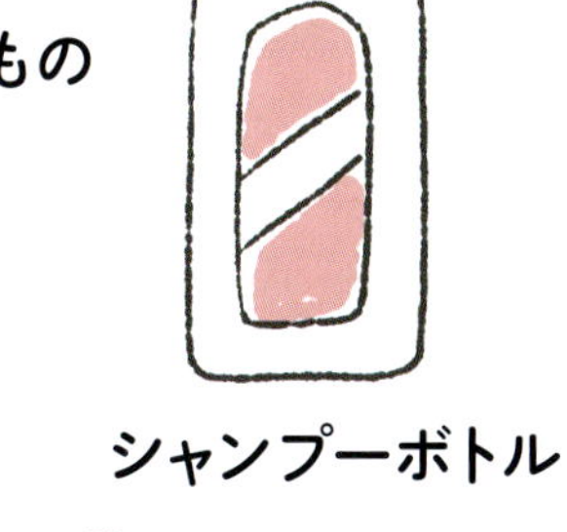

シャンプーボトル

トレイに入った魚にラップをかけたもの

ペットボトル

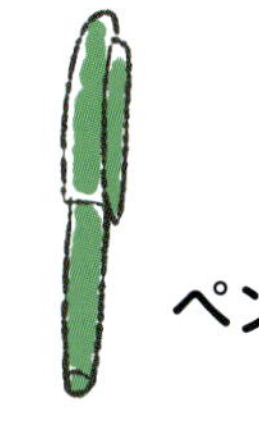

ペン

ごみ

流行を追ってつくられる「新製品」

ミニマリスト

くらしのなかでひつようなもののほかは持たない、ミニマリストとよばれる人びとが注目されています。家具も服も食器も、ぎりぎりひつようなな数だけ。持ちものは、たいせつに使い、よけいなものは、買いません。

ひとつのものをたいせつに使う人

整とんされた部屋で、のんびりとすごしている。

服も、同じものはたくさん買わない。本当にひつようか考えてから買う。

流行のうつりかわりの早いファッション用品や、新しい技術が開発される家電製品は、つぎつぎと新製品がつくられて、とてもみりょく的に見えるけど、それをどんどん買っていたらどうなるかな？

しょう動買いなどのむだな買いものをやめて、ひつようなものが何か考えることがたいせつなのだ。

新製品をどんどん買う人

服、ざっし、家電製品など、ものが部屋の中にあふれている。

スポーツイベントにマイ水とう（ボトル）

使いすてのごみを減らすには、使うものを持ちあるくのがいちばん。東京都町田市では、地元のサッカーチームの試合などにマイボトルを持っていくと、ステッカーがもらえるキャンペーンを行っています。たくさんの子どもが、ステッカーをはったマイボトルを持って、観戦しています。

マイボトルでもらえるステッカー

ふろしきをじょうずに使おう！

日本の伝統的な布「ふろしき」が、世界で注目されています。ふろしきは、正方形の大きな布で、さまざまなものを形に合わせてつつむことができます。紙ぶくろは、入れるものによって、いろいろなサイズや形のものを用意しなくてはならず、使いすてにもなってしまいます。ふろしきは、紙ぶくろがわりにもなり、使用後もごみにならない、べんりなすぐれものです。

リフューズの気持ちでごみをへらそう

わたしたちは、毎日のくらしの中でたくさんの買いものをしています。何かを買うときに、「家に持ちかえったらごみにならないかな？」といったん考えるようにしてみましょう。レジぶくろやわりばしなど、あとでごみになってしまうものをすすめられたら、ことわってみましょう。リフューズの気持ちをもつことで、ごみが少しでも多く減らせるといいですね。

ふろしきdeマイバッグ

ふろしきでかんたんにつくることのできる、マイバッグを紹介します。ふろしきは、使わないときには小さくたたんでしまっておけるので、荷物もふえずとてもべんり。

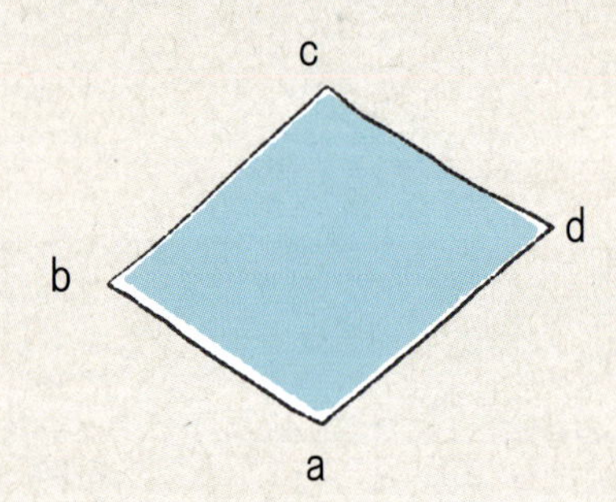

1 aとcを結ぶ。

2 bとdをそれぞれ結ぶ。

ほかにも、たくさんのつつみ方があります。調べてみましょう。

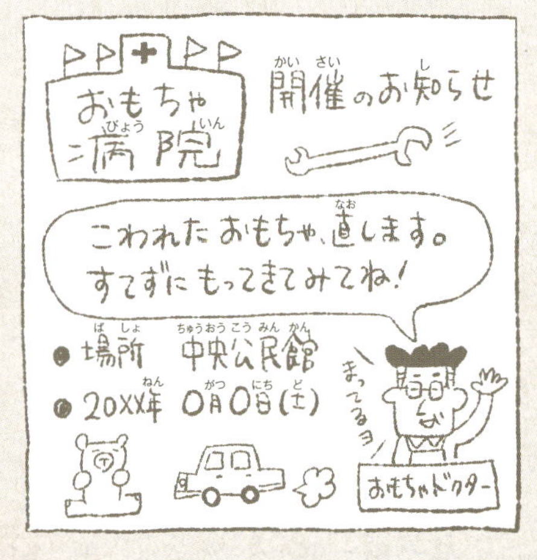

第3号

県全体でレジぶくろを有料に マイバッグ率95%

2008年に、富山県でレジぶくろの無料配布をやめたときのポスター。

富山県は全国ではじめて、レジぶくろを使わずにごみを減らす活動に、県全体で取りくみました。2008年に、まず県内のスーパーマーケットとクリーニング店、208店が、レジぶくろの無料配布を取りやめ、多くのスーパーでは5円、クリーニング店では10円で販売することにしました。すると、それまで20パーセントほどだった、レジぶくろをことわるお客さんが、90パーセントほどにふえ、店は、マイバッグをもったお客さんでいっぱいになったそうです。その後も多くの店がレジぶくろを有料化し、2015年のマイバッグ持参率は95パーセント、運動をはじめてから2014年度末までに削減できたレジぶくろは10億枚をこえました。

レジぶくろをことわる人は全国でもふえています。環境省の発表によると、2015年3月現在で、およそ51パーセント、半分以上の人がマイバッグを使っているそうです。

達人のつぶやき

スーパーやコンビニでお弁当を買って食べれば、料理もしなくていいし、さらもはしもあらわなくていい。ファストフードのお店も同じだ。気軽に買いものや食事ができて、とてもべんりだね。

でも、お弁当の入れものも、わりばしも、ファストフードのお店の容器やコップも、紙ナプキンも、みんな使いすてじゃないかな。プリンやアイスクリームのスプーン、手がよごれたときなどにべんりなウェットティッシュもそうだ。わりばしやスプーンは、もらわなくても家にある。手や口をあらって、タオルでふけば、何もすてなくてすむ。べんりがごみをふやしていることもあるんだね。

きみたちは、ものがこわれちゃったらどうする？
そんなときは「リペア」するのだ！

リペアって、なあに？

4
おもちゃ病院
スイッチを入れても、動かないんです。
どれどれ、みせてごらん。
5
うーん、なるほど……。あ、ここかな……。
6
はい、直ったよ。
わーい、また動くようになった！すごいなあ！
こわれて使えなくなったものも、修理することで、また使えるようになるのだ。これをリペアという。

〜達人の極意〜

リペアとは

こわれたものを
修理すること。

こわれたら、
もう使えないって
あきらめちゃうなあ。
自分で修理できないものは、専門家にたのめば、直るものもたくさんあるぞ！ 修理しないと、どうなるのかな？
たとえば……
おもちゃが
こわれたら
修理しないと
ごみになる。
修理すると
また使える。
直ったら
また使えるのに、
すてちゃったら
もったいないね 。
では、リペアの達人になる方法を教えよう！

修理して長く使う

修理の専門店に持っていくか、買ったお店に相談すれば、いろいろなものが修理できるよ。どんなものが修理できるのか見てみよう。

持ち手がこわれたときの、修理など。

いすの座面がやぶれたときの、はりかえなど。

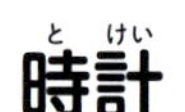

バンドがはずれたときの、修理など。

家電製品

電子レンジや冷蔵庫などが動かなくなったときの修理。

無料で修理できる保証期間

保証期間とは、こわれても、無料で修理してもらえる期間のこと。買った日から1年以内などの決まりがある。保証期間は、商品についている保証書に書かれている。ただし、わざとこわした場合などは、お金がかかることもある。

くつ

かかとがおれたり、すり減ったりしたときの交かんなど。

布団

中わたのごみをとりのぞき、ふっくらとさせる、打ち直しなど。

洋服

サイズや丈が合っていないときに直す、お直しなど。

かさ

骨がおれたときの骨の交かんなど。

陶磁器

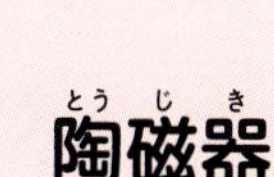

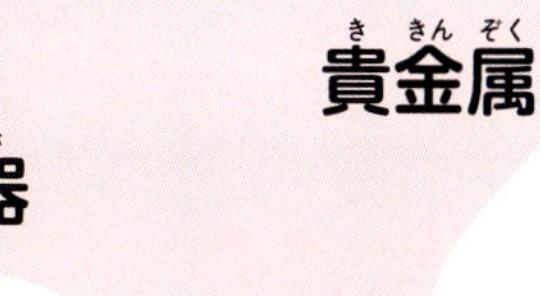

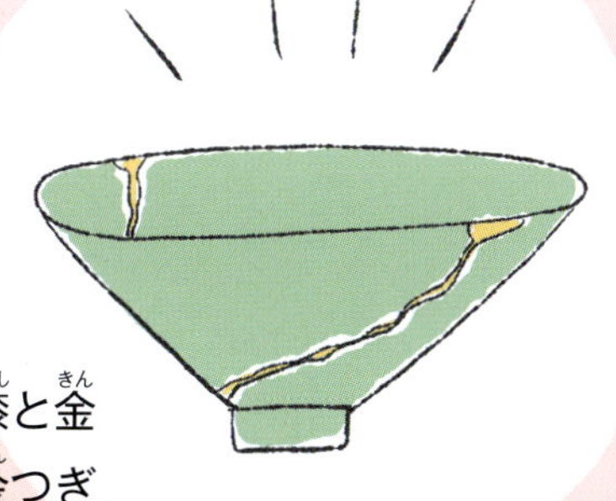

割れたときに、漆と金を使って直す「金つぎ（→38ページ）」など。

貴金属

チェーンが切れたときの修理など。

「リメイク」して長く使う

修理する以外にも、別のものにつくりかえる「リメイク」という方法もあるよ。リメイクでは、修理できないものでも、使える部分を生かすので、ごみを減らすことができるよ。

そでのよごれた長そでシャツ

よごれたそでを切って、半そでのシャツに。

えりとそでとすそを切って、子ども用のワンピースに。

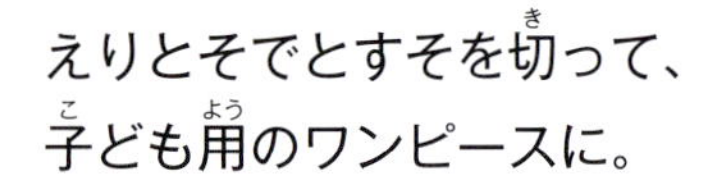

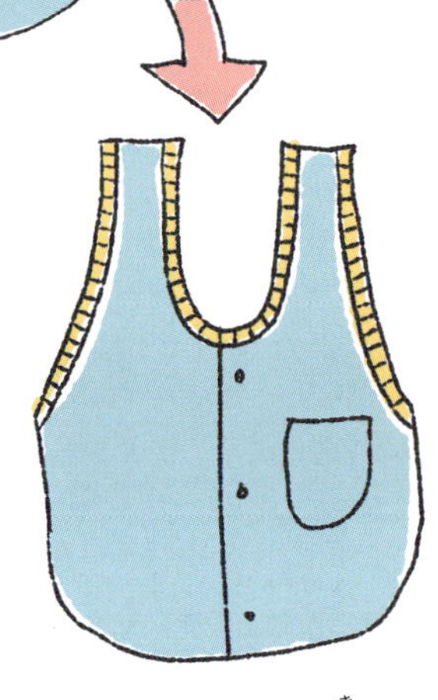

えりとそでを切って、底をぬいあわせて、マイバッグに。

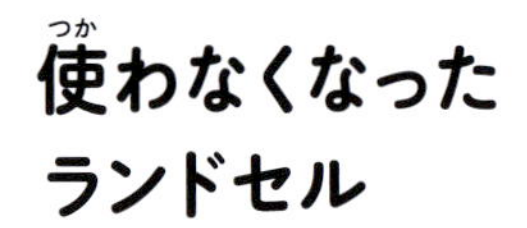

使わなくなったランドセル

ペンケース

スマホケース

サイフ

さまざまな革製品に生まれかわる。

リメイクすれば、思い出のつまったものを長くたいせつに使えるね。家族や友だちにプレゼントしてみてもいいね。

「リフォーム」して長く住む

古くなった家も、こわれたり古くて使いづらくなったりしたところを修理したり交かんしたりすれば、長く住みつづけることができるよ。これを「リフォーム」というんだ。

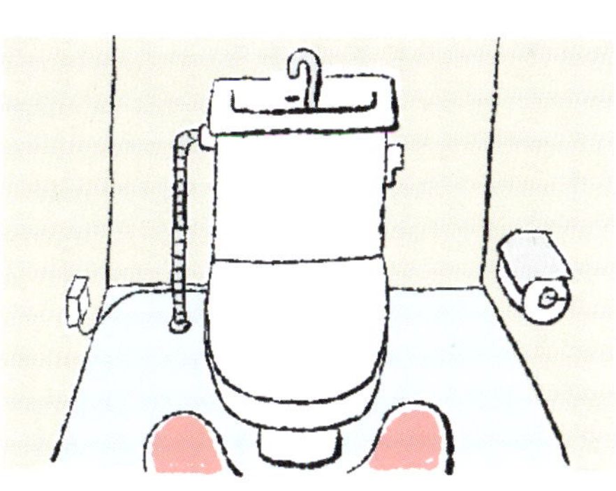

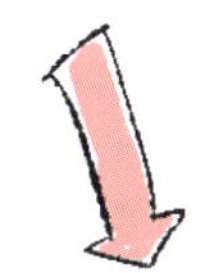

古いべんきを新しいべんきに交かんしたり、内装を変えたりすれば、使いやすくてきれいなトイレに。

よごれたかべは、かべ紙をはりなおせば新築と同じような見ために生まれかわる。

リフォームもリノベーションも、もとの家を生かして修理をしているから、古い家を取りこわして新しい家を建てるのにくらべたら、発生するごみの量は少なくてすむよ。

リノベーション

リノベーションは、住む人の生活にあわせて部屋をつくりかえることです。リフォームは、おもに古くなったところの修理をあらわしますが、リノベーションは、住む人が使いやすい間取りや好みのデザインに変えるなど、家や部屋全体をつくりかえ、古い家をそれまで以上に価値のあるものにするのです。

ごみゼロ新聞
号外
大江戸リペア見本市
修理の達人がいっぱい!!
江戸時代の人びとは、こわれたものは修理して、たいせつに使っていました。修理業者もたくさんいて、店をかまえる業者や修理道具を持ってお客さんの家に出むく業者もいました。そんな江戸の修理屋さんが集まって、見本市を開きました。江戸のリペアを見てみましょう！
道具なんでも修理
雪駄直し
雪駄は、ぞうりににたはきもの。鼻緒が切れたときなどに修理をした。
かまど師
火をおこすためのかまどを直す。
とぎ屋
切れ味の悪くなった刃物をとぐ。
せとものの焼きつぎ
われた器に白玉粉をぬり、くっつけて焼いて直す。
たが
修理街
たが屋
こわれたおけの修理をする。
いかけ屋
あなのあいてしまった鍋や釜などの金物を修理する。
そろばん直し
そろばんを直したり、新しいそろばんを売ったりする。

かさのはりかえ

やぶれたかさの油紙をはりかえる。こわれたかさを集める業者もいた。

下駄の歯入れ

すりへった下駄の歯を、新しい歯に入れかえる。

ほうき買い

こわれたほうきを回収して、縄やたわしにリメイクする。

ちょうちんのはりかえ

やぶれたちょうちんの紙をはりかえ、名前や屋号を書きいれる。

錠前直し

こわれたかぎを直す。

らお屋

きせる（たばこをすうためのパイプのようなもの）のらお（管の部分）をそうじしたり、修理したりする。

うすの目立て

石うす（粉をひくための道具）の目がすりへったときに、溝をほって、目を立てた。

リフューズ・リペアの達人たち

リフューズ・リペアに取りくんでいる地域や企業などの活動のようすを見てみよう。

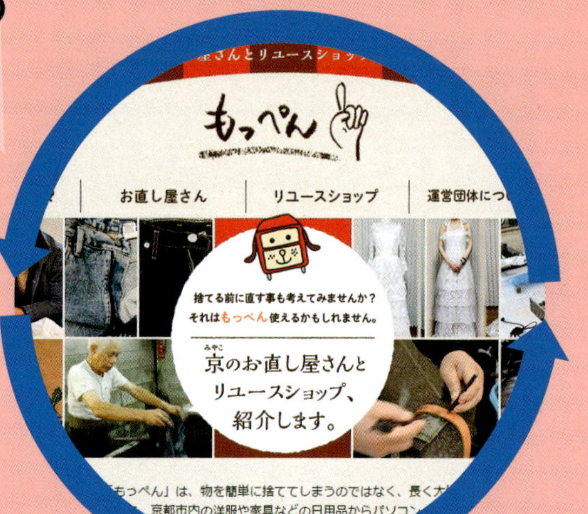

京都市ごみ減量推進会議
「もっぺん」
▶ 30ページ

おもちゃ病院
▶ 32ページ

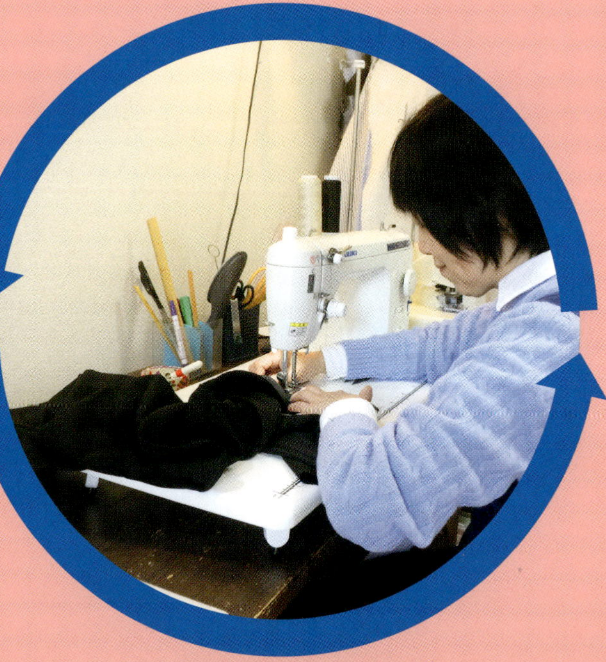

修理の専門店
▶ 34ページ

メーカーなどの取りくみ

▶ 36ページ

職人たちの修理技

▶ 38ページ

海外の取りくみ

フランス

▶ 40ページ

海外の取りくみ

オランダ

▶ 41ページ

京都市ごみ減量推進会議
もっぺん

「もっぺん」は、京都市内のリペア・リユース情報を集めたウェブサイト。こわれたものを直す、処分したいものを人にわたすなど、「もっぺん（もういっぺん、もう1回）」使えるようサポートします。

もっぺん

「もっぺん」は、京都市や市民が運営する団体「京都市ごみ減量推進会議」が、地元の大学や専門学校の学生などと協力してウェブサイトを開設した。市内にある約200の「お直し屋さん（修理店）」や「リユースショップ」を検索できるほか、ものをたいせつに使うためのコツなどの情報も提供している。ものをかんたんに処分せずにもう一度使う、環境にやさしい生活を提案する。

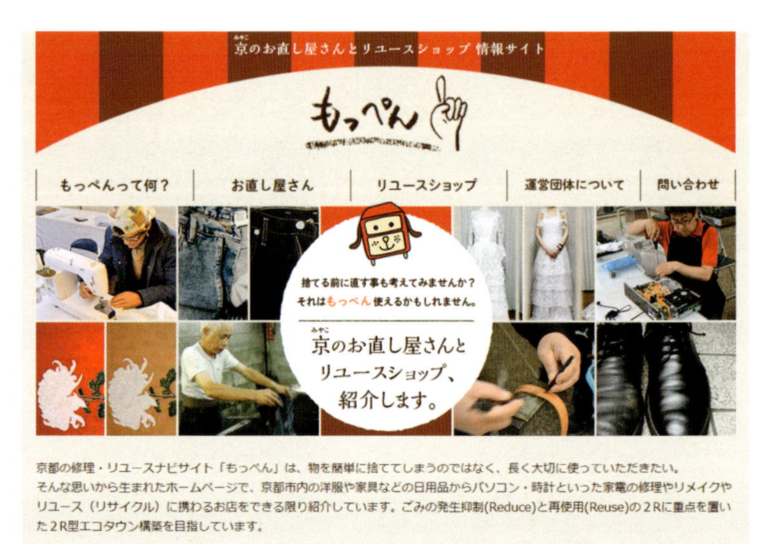

「もっぺん」のウェブサイトトップページ。住んでいるエリアから、かんたんに検索できる。

お直し屋さんの紹介

「もっぺん」では、修理やお直しをしている店を紹介している。家具や電化製品、時計、服など、どんなものを直したいのか入力すれば、修理店をかんたんに探すことができる。

ネックレスの修理

「小さな工房Jewelry Petit」では、よごれたりさびたりして色が変わってしまったネックレスをみがいて、きれいにする。ちぎれたネックレスも元どおりに直すことができる。

「イトイ工房」では、色がはげてしまったバッグをぬり直し、新品のようにすることができる。

リユースショップの紹介

リユースショップに、いらなくなったものを引きとってもらえば、ほかの人に「もっぺん」使ってもらうこともできる。

古着屋「ザッカバッカー」では、他店では引きとらないノーブランド品も取りそろえている。

リユースショップの「良販商店」。洗たく機などの大きな商品は自宅まで引きとりに来てもらえることもある。

ものをたいせつにするコツの紹介

「お直し知恵袋」のページでは、洋服、革製品、家具などの種類ごとに、長持ちさせるためのお手入れ方法を紹介している。

「お直し知恵袋」のページ。

★リユースについては、4リユースでくわしく説明しているよ。

教えて！「もっぺん」のこと

Q どうして、「もっぺん」を開設しようと思ったのですか？

A 「もっぺん」を運営する、「京都市ごみ減量推進会議」は、ごみを減らし、環境をたいせつにしたまちとくらしの実現をめざして市民・事業者・行政により1996年に設立されました。「もっぺん」は、「ごみ減量推進会議」の活動のひとつとして、近隣の大学生が中心の団体「京都R」などの協力のもと、開設されました。

Q 運営している「京都市ごみ減量推進会議」は、「もっぺん」のほかにも活動をしていますか？

A 京都市内のほとんどの地域で「地域ごみ減量推進会議」を設立して、地域住民とともに廃油回収などを行っています。さらに、市民や企業むけのごみ減量講座も、毎年開催しています。また、ごみをへらす「2R（リデュースとリユース）」にも力を入れており、「もっぺん」の運営のほか「リーフ茶（急須で入れるお茶）の普及で、ペットボトルを減らそうキャンペーン」なども行っています。

Q ここで紹介したことのほかに、「もっぺん」ではどんな取りくみをしていますか？

A 京都市役所前で行われるフリーマーケットで、もっぺん掲載店舗に出店してもらう「もっぺん出張所」を、年に3回ほど開設しています。修理に関する情報提供をし、かんたんにできる修理体験などを行っています。

おもちゃ病院

「おもちゃ病院」では、「おもちゃドクター」がこわれたおもちゃを修理して、ふたたび使えるようにしています。全国各地にあるおもちゃ病院は、日本おもちゃ病院協会が取りまとめています。

おもちゃ病院

おもちゃドクターが、こわれたおもちゃの修理をしてくれる「おもちゃ病院」。部品を交かんするときなどは部品の代金がかかるが、基本的には無料で修理をする。おもちゃドクターは、全国に約1300人いて、公民館などで定期的にボランティアとして活動している。

修理をするおもちゃドクター。

動くおもちゃは、修理後に電池を入れて動かしてみる。

ふくざつな構造のおもちゃは、ドクターどうしで協力して直す。

音の出るおもちゃは、配線を修理して、鳴るかたしかめる。

専用の道具を使って直している。

布でできたおもちゃやぬいぐるみは、ぬって直す。

修理を受けつけできないおもちゃ

エアガンや浮きぶくろ、直接コンセントにつないで遊ぶおもちゃ、骨董的・工芸的価値のあるものなど、修理できないおもちゃもあります。

おもちゃ病院での修理の流れ

こわれたおもちゃを「おもちゃ病院」で修理したいときは、つぎのような手順で修理を依頼する。近くの「おもちゃ病院」は、「日本おもちゃ病院協会」のウェブサイトから、かんたんに調べることができる。おもちゃは、電池をかえると直ることもあるので、たしかめてから病院へ行こう。

「おもちゃ病院」がいつどこで開かれるかわかる。変更になることもあるので、事前に電話をしてたしかめておく。

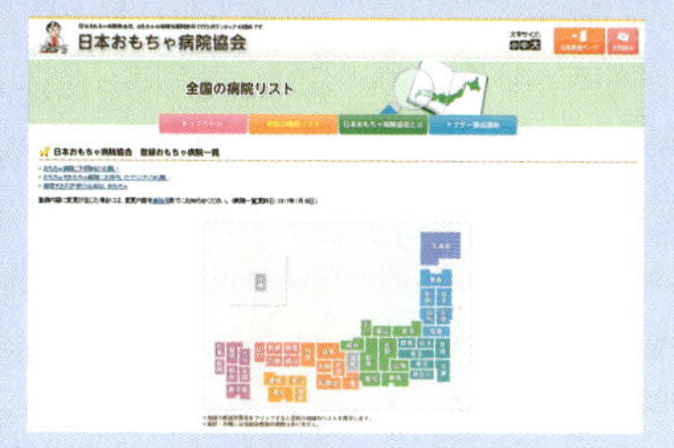

「日本おもちゃ病院協会」のウェブサイト。

1 説明書や外箱を準備する

おもちゃのしくみや構造がわかるので、説明書や外箱を持っていくとよい。

2 おもちゃドクターにこわれたところを説明する

おもちゃがこわれた時期、理由を説明する。動くおもちゃの場合は、正しい動きも説明する。

3 おもちゃドクターに直してもらう

おもちゃドクターが、さまざまな道具を使って、おもちゃを直す。

4 たいせつに使うためのアドバイスを聞く

修理後は、おもちゃドクターから、またこわさないためにどのように手入れをすればいいかを聞く。

教えて! 「おもちゃ病院」のこと

Q 「おもちゃ病院」に持ちこまれるおもちゃは、どんなものが多いですか?

A 着せかえ人形や、ラジコンカーなどが多いです。メーカーでは直せないといわれたもの、日本には部品がない海外製のもの、なかにはドローン(無人航空機)もあり、ドクターたちは、どうしたら直るか、これまでの経験から考えて直します。おもちゃは、リサイクルしにくい複合素材でできていることも多いので、修理して、また使うことがたいせつです。

Q 「おもちゃ病院」では、今後、どんな取りくみをしていきたいですか?

A おもちゃ病院について、もっと多くの人に知ってもらうことが、何よりたいせつです。また、東京都狛江市では、いらなくなったおもちゃを回収し、修理してバザーに出すというこころみもはじめています。ドクターは、どんなにぼろぼろのおもちゃでも、あきらめずに修理にのぞんでいて、その気持ちは変わりません。今後も、こわれたおもちゃに命をふきこんでいきます。

修理の専門店

くつや服などは、プロに修理をしてもらって、使いつづけることもできます。ここでは、洋服のリフォーム、くつの修理、そして時計の修理を紹介します。

洋服の「お直し」やリフォーム

「チカラ・ボタン」は、洋服のリフォーム、リペア、リメイクの専門店。持ち主の要望を聞き、長く着られるようにお直しをする。

リフォーム

サイズやデザインを変えてお直しをする。体型がかわったり成長したりしても、着ることができる。

リペア

すりきれたコートのすそのリペア。布がすり切れたり穴があいたりした部分をきれいに直す。直せば長く着ることができる。

修理の技術を学ぶ教室

「チカラ・ボタン」では、自分にとってたいせつな洋服を、すてずにもう一度使いたいという人向けに、リメイク教室を開催しています。ミシンやさいほう道具などは借りることもできるので、気軽に学ぶことができます。技術を学べば、家でもリメイクだけでなく、リフォーム、リペアに挑戦することができます。

「チカラ・ボタン」のお直し教室のようす。

くつの手入れや修理

くつをクリーニングしたり、いたんでいる部分やきずをきれいに直したりしている、「靴専科」。長くたいせつに使えるよう持ち主にかわって手入れする。

クリーニング

はき古して汚れたくつも、すてる前に一度あらってみると、また使えることがある。

くつのかかとのゴムの交換。かかとがすりへってきたら、新しいゴムに交かんすれば、長くはきつづけることができる。

土台をけずって高さや形を整える。

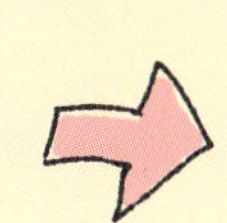

新しいゴムを取りつけ、いらないところをけずる。

時計の修理

時計の修理を専門に行っているのが、「TECHNO・SWISS」。親から子へゆずられた古い時計や、メーカーで修理不可能といわれた時計など、どんな時計でも職人のたくみな技術で直すことができる。

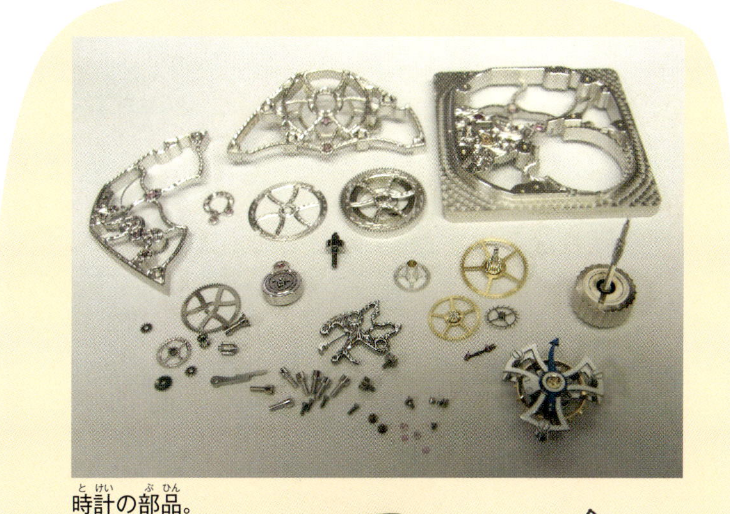

時計の部品。

パーツをすべて分解し、不具合のある部分を直してから、また組みたてる。

時計の部品はとても小さいので、顕微鏡を使って修理することもある。

メーカーなどの取りくみ

ものをつくるメーカーでは、新しい製品をつくって提供するだけでなく、製品を修理するサービスを行っているところもあります。世代をこえて長く使えるように、修理をしています。

ピアノの修理

ピアノメーカーの「東洋ピアノ製造株式会社」では、調子の悪くなったピアノを修理してよみがえらせるサービスを行っている。専門知識を持ったスタッフが、年間で1000台ものピアノを修理している。

スプレーをふきかけて塗装しているようす。

ピアノの中の部品に、よごれやきずがあると、けんばんの動きが悪くなったり、音程が合わなくなったりする原因になるため、部品の取りかえやそうじをして、修理をする。

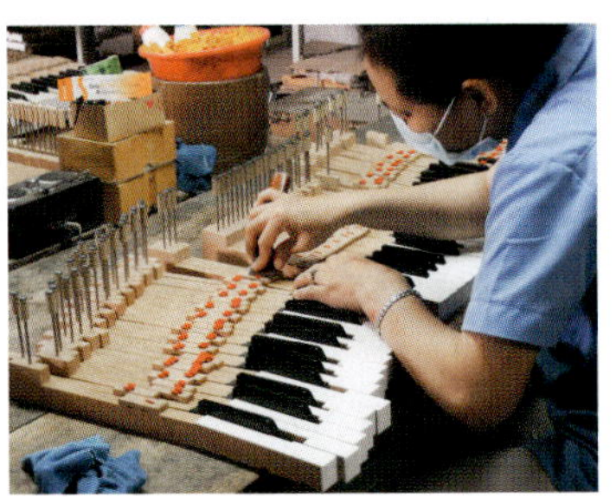

けんばんのほこりやよごれも、1本1本ていねいにそうじする。

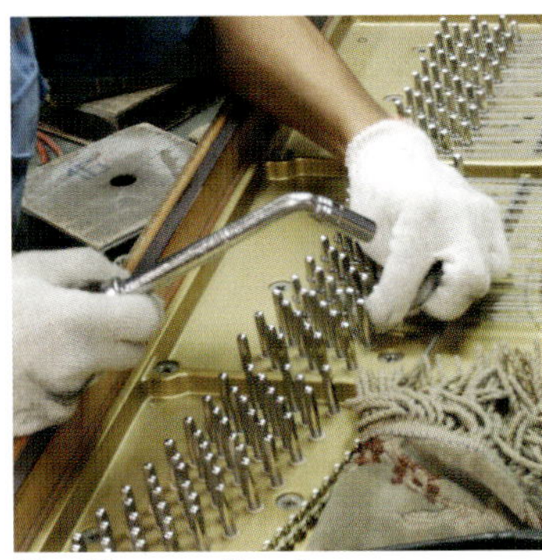

長く使われた弦は切れやすくなり、音も悪くなるので、新しい弦に交かんして調律する。

修理して、新品のようにきれいになったピアノ。

教えて！ 「東洋ピアノ」のこと

Q どのようにピアノの修理を行っていますか？

A 東洋ピアノでは、他社の製品も修理することがあるので、経験30年以上のベテラン社員が、ピアノひとつひとつの状態をしっかりと見て、修理していきます。木の状態やメーカーによって修理の方法がちがうので、まずはそれを見きわめます。電話などで事前にどんな状態か聞いておいてから、修理にのぞむこともあります。

Q ピアノがこわれないようにするには、どうしたらいいですか？

A ピアノをいつもきれいにそうじをすること、定期的に調律をすること、まわりの環境をちょうどいい温度や湿度に保つことがたいせつです。ふだんから手入れしておくことで、ピアノは親から子、孫の世代までも使うことができます。ピアノはとても高価な楽器ですから、処分せずに、受けついでいきたいですね。

家具の修理

家具メーカーの「カリモク家具株式会社」でも、製品の修理を行っている。持ち主が、思いいれのある家具をずっと使いつづけられるように、よごれを落としたり、いたみやきずを修理したりしている。

テーブルの塗装

長く使って色が落ちたり、きずがついたりしたテーブルは、塗装をして色やつやを復元できる。

いすのはりかえ

座面をいすからはずし、やぶれた古い生地と中のクッションを取りかえる。

座面を、再びいすに取りつけ、裏地をはる。

やぶれた座面をはりかえて、また使えるようになったいす。

住宅の再生

設計、建築、不動産などの企業が集まった「日本民家再生協会」は、日本の伝統的な建物「古民家」を再生して利用する取りくみを行っている。

また、「Style & Deco社」では、中古住宅や団地をリノベーション（→25ページ）するサービスに取りくんでいる。

新潟県にあった江戸時代に建てられた家。住む人もなく取りこわしが考えられていたが、東京都に移築し、古民家レストランとして再生した。

古くなった団地の間取りや設備をリノベーションした。

職人たちの修理技

江戸時代にいろいろなものを修理する職人がいたように(→26ページ)、現代でも専門的な技術で、ものの修理をする職人たちがいます。器、洋服、着物を修理する職人の技を見てみましょう。

器修理の職人

割れてしまった器を、伝統的な技法で直すのは「金つぎ図書館」。漆と金を使う「金つぎ(→23ページ)」という技法で、美しくよみがえらせる。金つぎは、器の価値を高めることもある。

かけたゆのみも、金つぎの技術で直すことができる。つなぎ目に金をかぶせると味わいが生まれた。

割れた器を漆ではりあわせ、仕上げに金をほどこす。金つぎには、漆工芸の「蒔絵」の技術が使われる。

金つぎをしたところが、カップのワンポイントになった。

金つぎの技術を学ぶ教室

割れた器を自分で直してたいせつに使いたいという人がふえているため、金つぎを学べる教室やワークショップも人気です。「金つぎ図書館」でも、金つぎのワークショップを行っています。また、金つぎを自宅で手軽に楽しめるキットも市販されています。

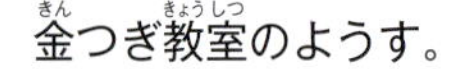

金つぎ教室のようす。

洋服のお直し（かけつぎ）の職人

「江見屋かけつぎ専門店」では、洋服の虫食いややぶれを、★「かけつぎ」の技術で直している。かけつぎは、糸のおり方を見きわめて、近くで見てもわからないくらい自然に仕上げる、専門技術だ。

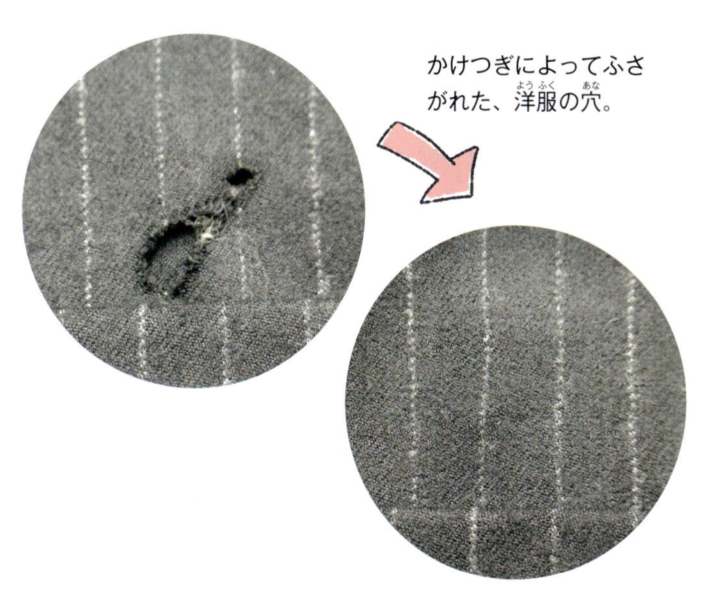

かけつぎによってふさがれた、洋服の穴。

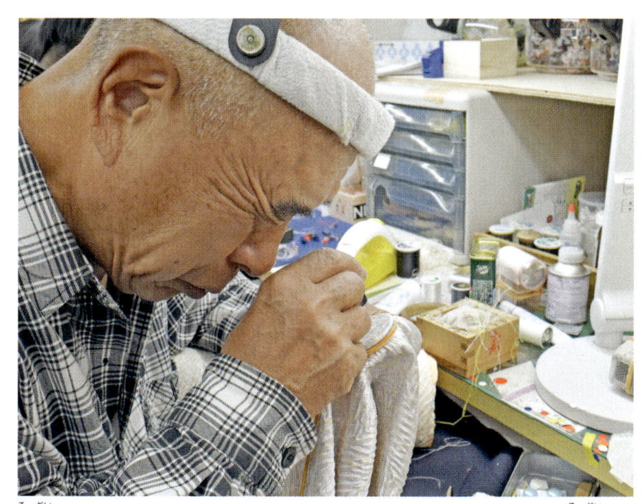

素材によって、かけつぎのしかたはちがうので、まずは素材をよく見る。

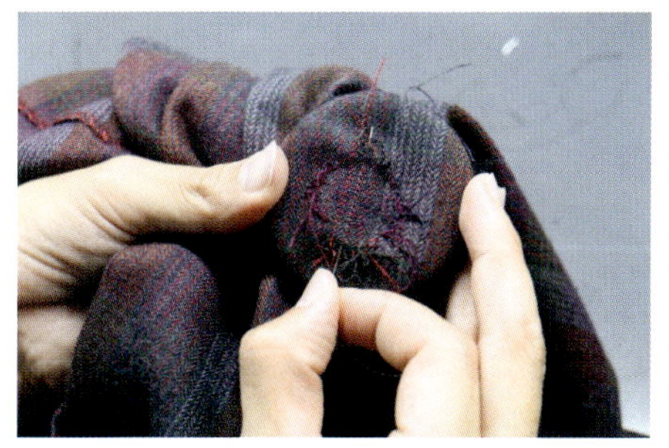

素材のおり方に合った方法で、ひと針、ひと針、直していく。

★地域によって、「かけつぎ」を「かけはぎ」というところもあります。

着物のお手入れ（洗いはり）の職人

「だるまや京染本店」は、働く人全員が洗いはり職人。着物は一度ほどいて洗いはりし、仕立てなおすことで、何度でもよみがえる。また、ほどいて染めなおすこともできる。

短かったそでを仕立てなおした着物。

着物の「洗いはり」

ほどいた着物を洗って、よごれと糊を落とし、新たに糊を引いて、着物を生きかえらせる。

着物をほどいて、はしをぬう。

洗う（ここで、染めなおすこともできる）。

ほして、かわかす。

しわをのばし、糊を引いて、かわかし、生地をととのえる。ここからまたぬいなおして着物にもどす。

フランス

フランスでは、2016年7月からレジぶくろを禁止しました。今後は、プラスチック容器の使用も禁止することを発表。プラスチック容器の禁止は世界初で、今後、世界中に広がるかもしれません。

国全体でレジぶくろを禁止

2016年の7月から、レジぶくろの無料配布が禁止されたフランス。植物由来の素材で、分解して肥料などとして使えるふくろは使うことができるが、ごみを出さないためにもマイバッグを使うことがすすめられている。スーパーマーケットによっては、有料の紙ぶくろを用意している。

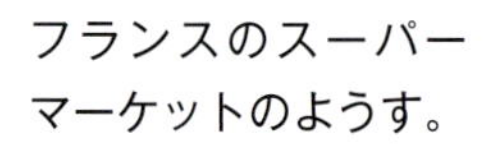

フランスのスーパーマーケットのようす。

使いすて容器の禁止もめざす

レジぶくろにつづいて、プラスチック製の使いすての容器やスプーンも、禁止される予定。容器をつくる企業などからの反対もあるが、理解をしてもらえるように、地道によびかけていく方針。使いすて容器の禁止は、2020年からをめざしている。

「モノプリ」というスーパーマーケットでは、マイバッグをわすれたら、店のロゴが入った紙ぶくろを買うことができる。

レジぶくろの禁止や有料化の取りくみは、イタリアやバングラデシュ、中国などでも行われているんだ。

おそうざいを入れるパックや、プラスチックでふたをするカップは、今後使われないかもしれない。

オランダ

2009年にオランダではじまった「Repair Café（リペアカフェ）」は、「ラテを飲み、修理しよう」と、こわれたものの修理をみんなで楽しむイベントです。オランダから世界へ広がっています。

修理したいものを持ちよって直す

家電製品がこわれて、製造会社に修理をたのむと、「新品を買ったほうが安くてべんり」といわれる。それならラテを飲み、おしゃべりしながら、修理のできる人に教わって、自分たちで修理しよう。そんな考えのもと、はじまったのがリペアカフェだ。ボランティアスタッフをつのって、定期的に開催されている。

オランダから世界へ

オランダ国内で注目され、数をふやして、人気のスポットになったリペアカフェは、リペアカフェ協会をつくり、その考え方を世界に発信した。すると、さまざまな国の人が興味を持ち、リペアカフェは、約30か国で開催されるようになった。

リペアカフェのようす。

どんなものでも修理できるように道具をそろえている。

リペアカフェのマークとロゴ。

Repair Café

オーストラリアのリペアカフェの看板。

日本のリペアカフェ

日本でも、東京や大阪など、5つの地域でリペアカフェが開催されている。「リペアカフェジャパン」では、カフェを開催するだけでなく、リペアを体験できるワークショップなども行っている。参加希望者から問いあわせがあった場合は、近くでリペアカフェやワークショップを開催することもある。

ワークショップのようす。

リペアカフェが行われている工房。

日本でのリペアカフェの開催は、https://www.facebook.com/repaircafe.japan/ から見ることができる。

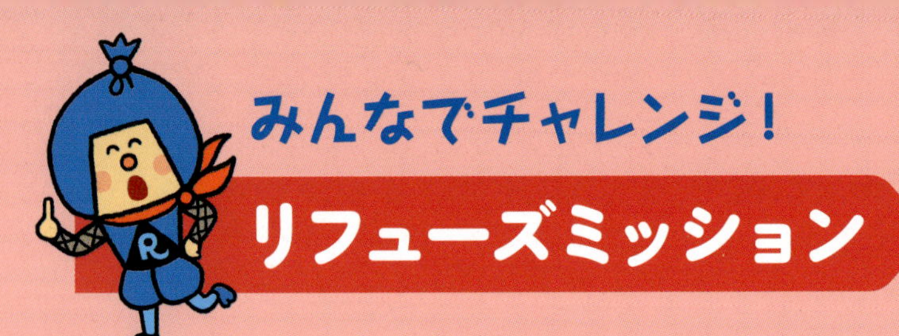
みんなでチャレンジ！
リフューズミッション

地球にやさしい

ふりだし
サイコロを用意して、順番にふり、出た目の数だけすすんであがりをめざそう！
GO!
マイバッグをわすれた！ふりだしにもどる
ビニールぶくろだけならごみが減るね！
魚屋さんでトレイをことわった 3すすむ
パックのおそうざいを買った 1回休み
もうすぐ
くつを買うとき、箱をことわった 2すすむ
箱はいりません
バッグに入らない分は、ふろしきでつつんだ 3すすむ
お肉をはかり売りで買った 3すすむ
これ、もってるかも……
にたような服を買ってしまった 1回休み
おべんとうを買うときわりばしをことわった 2すすむ
家にあるはしを使うよ
流行ばかりおわずに、ものをたいせつにしたいね

買いものすごろく
地球にやさしい買いものは、ごみをなるべく出さない買いもののこと。買いものをするときにできること、気をつけたいことを、みんなで考えながらあそぼう！
★再生紙……一度使った紙をとかして、もう一度使えるようにした紙。
ばら売りのにんじんを買った 4すすむ
インクをかえて、何度も使えるペンを買った 4すすむ
NOTE
★再生紙でできたノートを買った 2すすむ
つめかえ用を使おう！
新しいボトルのシャンプーを買った 1回休み
あがり
地球にやさしく買いものできたかな？
まちでティッシュをもらったけど、使わないかも…… 2もどる
いらないものはもらわない
お祭りで★リユースカップに入ったジュースを飲んだ 4すすむ
マイボトルを持ちあるこう！
自動販売機でジュースを買った 4もどる
カフェでタンブラーに飲みものを入れてもらった 5すすむ
COFFEE SHOP
★「リユースカップ」については 4 リユースでくわしく説明しているよ。

みんなでチャレンジ！

リペアミッション

Tシャツでマイバッグをつくろう

サイズが変わるなどして、着なくなった服をリメイクしましょう。
かんたんにできるTシャツのリメイクを紹介します。

用意するもの

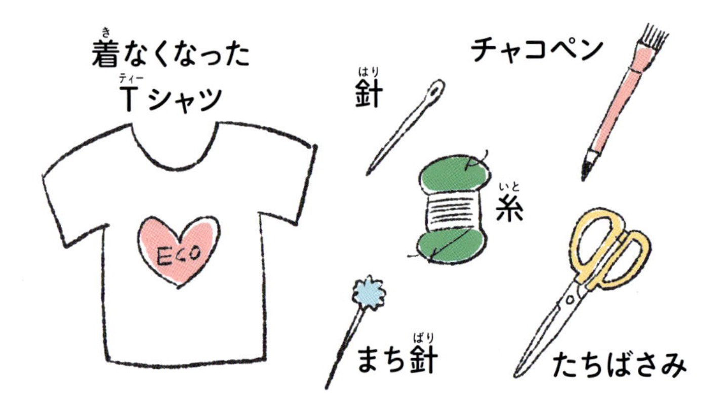

注意すること

布を切るときや、ぬうときは、大人に手伝ってもらいながらやります。はさみや針を使うときには、とくに注意しましょう。

つくり方

1 切るところに下書きをする

チャコペンを使って、図のように首元とそでの切るところに下書きをする。

2 たちばさみで切る

チャコペンの下書きのとおりにたちばさみで切る。

3 うらに返して底をぬう

Tシャツの表とうらをひっくり返して、底になる部分を本返しぬいでぬいあわせる。

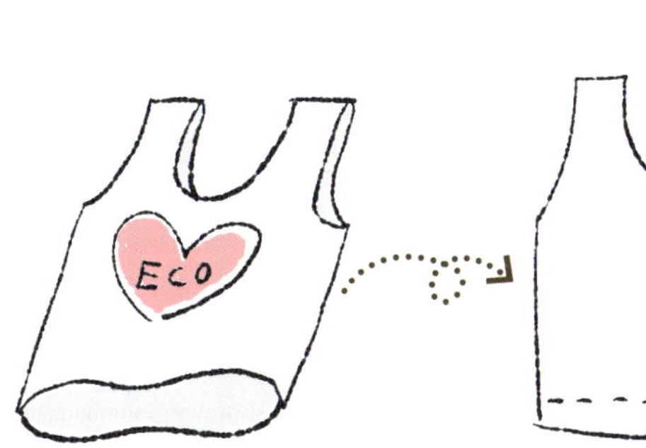

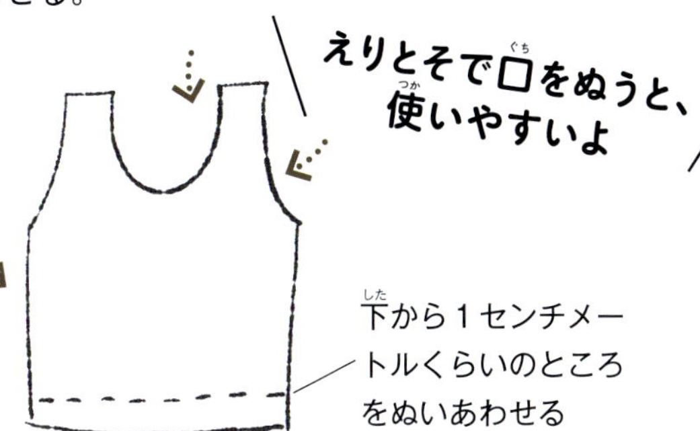

表に返してできあがり

●バッグの底のぬい方（本返しぬい）

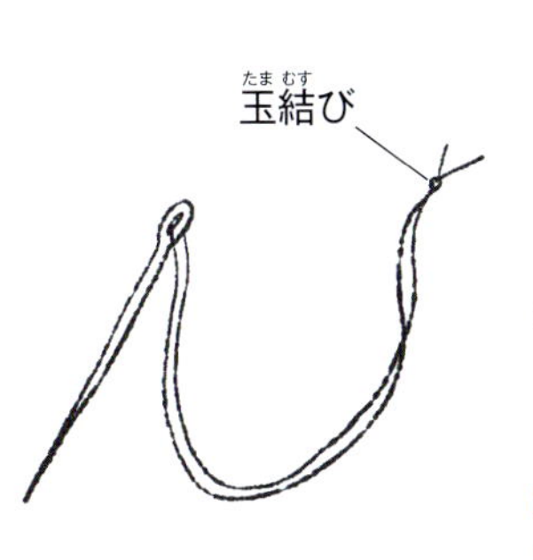

❶ぬいはじめに針をさす。

❷下まで通して、図のように1目ぶんもどって下からさす。

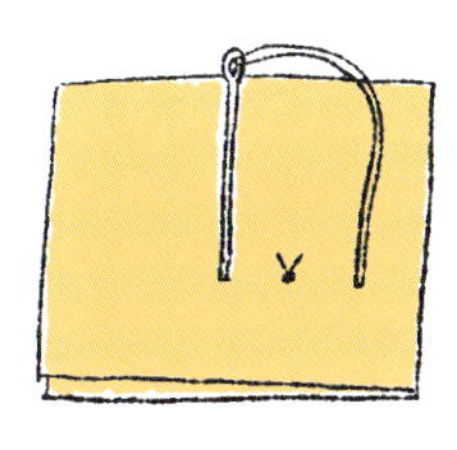

❸さらに図のように2目ぶんすすんで上から下へさす。

❹１目ぶんもどって②～③をくりかえしてぬいすすめる。

ジーンズのリメイク

ジーンズの生地はとてもじょうぶなので、リュックや手さげぶくろにリメイクすれば、長く使えます。ジーンズの生地はぶあつくてぬいにくいので、かならず、大人といっしょにつくるようにしましょう。

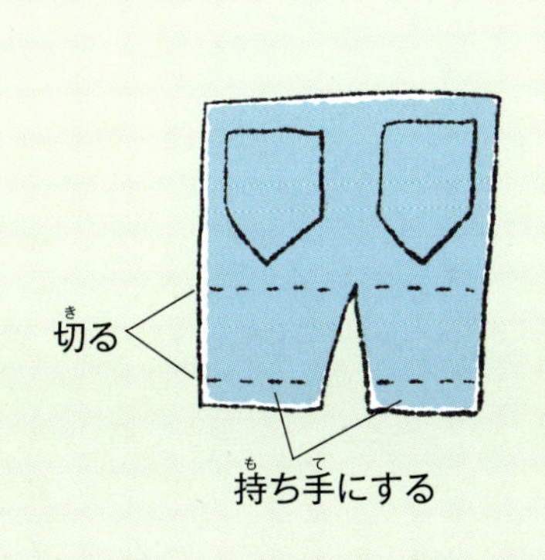

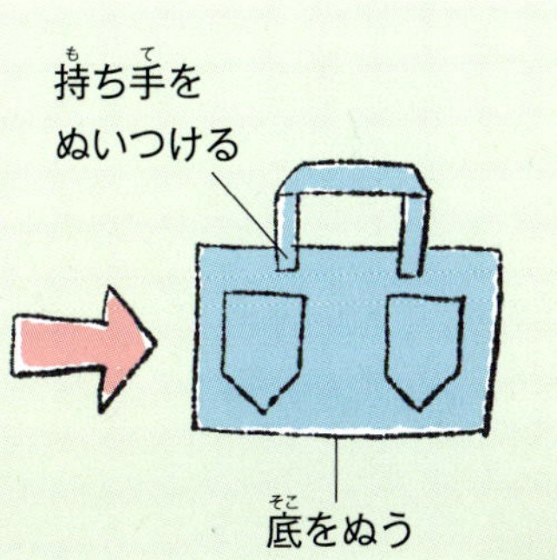

リフューズ・リペア編

さて、リフューズ・リペアのことがわかったかな？
検定問題にちょうせんだ！

問題1 リフューズできないのはどれ？

1. 雨の日のかさ用ビニールぶくろ
2. ヨーグルトのプラスチック容器
3. お店のレジぶくろ
4. わりばし

問題2 リフューズではないのはどれ？

1. わりばしをもらわず、マイはしを使う
2. レジぶくろをもらわず、マイバッグを使う
3. ペットボトル飲料を買わず、水とうを持ちあるく
4. 充電池を使わず、乾電池を使う

問題3 リペア・リメイクではないのはどれ？

1. おれたかさのほねを交かんする
2. 洋服の丈を直す
3. 家電製品を買いかえる
4. ふとんの打ち直しをする

問題4 リペアの組みあわせとしてまちがいなのはどれ？

1. くつ⇔調律
2. 洋服⇔かけつぎ
3. 陶器⇔金つぎ
4. いす⇔はりかえ

問題5 リフューズ・リペアの取りくみについてまちがいなのはどれ？

1. ふろしきは、ぬわずにマイバッグにできる
2. 日本にはおもちゃ病院がひとつある
3. マイバッグ持参率が95パーセント以上の県がある
4. 保証期間内なら無料で直してもらえることがある

さくいん

この本に出てくる、おもな用語をまとめました。見開きの左右両方に出てくる用語は、左のページ数のみ記載しています。

Rの達人検定　46ページの答えと解説

問題1　答え：2
ヨーグルトの容器をことわるのはむずかしいですが、あらってリサイクルすることはできます。1、3、4は、どれもリフューズすることができます。かさは、水てきをはらってからとじればビニールぶくろは使わなくてすみますし、マイバッグを持って買いものに行けば、レジぶくろをもらうひつようはありません。

問題2　答え：4
乾電池は使いすてですので買わないようにして、充電池を使うのがリフューズになります。1、2、3は、どれもかんたんにできるリフューズの行動です。心がけてみましょう。

問題3　答え：3
家電製品も修理（リペア）が可能ですが、買いかえたあとの使わなくなったものは、リユースされるか、リサイクルされるか、最終処分されますので、リペア・リメイクとは言えないことが多いです。

問題4　答え：1
調律とは、ピアノなどの修理や手入れで、音の調子を整えることを言います。定期的に調律を行うことで、ピアノは長もちします。くつは、中じきを交かんしたり、かかとのはりかえを行えば、長くはくことができます。

問題5　答え：2
おもちゃ病院は全国各地にあります。あなたの住んでいる場所の近くに、おもちゃ病院があるかどうか、しらべてみましょう。
マイバッグ持参率95パーセントの富山県以外にも、各都道府県や全国の市町村などでは、「ノーレジぶくろデー」「マイバッグの日」などを設けたり、レジぶくろを辞退する人やマイバッグを持参した人にポイントをつけたり、地域で、マイバッグ持参率・レジぶくろ辞退率の目標をかかげるなどの取りくみを行っています。

監修● 浅利美鈴 あさりみすず

京都大学大学院工学研究科卒。博士（工学）。京都大学大学院地球環境学堂准教授。「ごみ」のことなら、おまかせ！
日々、世界のごみを追いかけ、ごみから見た社会や暮らしのあり方を提案する。
また、3Rの知識を身につけ、行動してもらうことを狙いに「3R・低炭素社会検定」を実施。その事務局長を務める。「環境教育」や「大学の環境管理」も研究テーマで、全員参加型のエコキャンパス化を目指して「エコ～るど京大」なども展開。
市民への啓発・教育活動にも力を注ぎ、百貨店を会場とした「びっくり！エコ100選」を8年実施。その後、「びっくりエコ発電所」を運営している。

装丁・本文デザイン●周　玉慧
ＤＴＰ●スタジオポルト
編集協力●野口和恵、酒井かおる
イラスト●仲田まりこ、山中正大
校閲●青木一平
編集・制作●株式会社童夢

写真提供・協力
町田市環境資源部 3R推進課／富山県レジ袋削減推進協議会／京都市ごみ減量推進会議　京のお直し屋さんとリユースショップの情報サイト　もっぺん／小さな工房ジュエリー petit ／工房イトイ／古着ザッカバッカー／有限会社　高中商店　リサイクルショップ　良販商店／日本おもちゃ病院協会／横浜・大口の洋服お直しアトリエ＆教室 チカラ・ボタン／長谷川興産　靴専科事業部／株式会社TECHNO・SWISS／東洋ピアノ製造株式会社／カリモク家具株式会社／日本民家再生協会（JMRA）／ Eco Deco（株式会社Style&Deco）／金継ぎ図書館　鳩屋／江見屋かけつぎ専門店／だるまや京染本店／有川真理子／リペアカフェジャパン

＊本書の情報は、2017年4月現在のものです。

発行　2017年4月　第1刷 ©
　　　2023年3月　第3刷
監修　浅利美鈴
発行者　千葉 均
発行所　株式会社ポプラ社
　　　〒102-8519　東京都千代田区麹町4-2-6　8・9F
ホームページ　www.poplar.co.jp（ポプラ社）
印刷　瞬報社写真印刷株式会社
製本　株式会社ブックアート
ISBN978-4-591-15352-9
N.D.C. 518 / 47p / 29 × 22cm Printed in Japan

落丁・乱丁本はお取り替えいたします。
電話（0120-666-553）または、ホームページ（www.poplar.co.jp）のお問い合わせ一覧よりご連絡ください。
※電話の受付時間は、月～金曜日10時～17時です（祝日・休日は除く）。
読者の皆様からのお便りをお待ちしております。
いただいたお便りは監修者にお渡しいたします。

P7186003

ごみゼロ大作戦！

監修 浅利美鈴

◆このシリーズでは、ごみを生かして減らす「R」の取りくみについて、ていねいに解説しています。

◆マンガやたくさんのイラスト、写真を使って説明しているので、目で見て楽しく学ぶことができます。

◆巻末には「Rの達人検定」をのせています。検定にちょうせんすることで、学びのふりかえりができます。

1 ごみってどこから生まれるの？
2 リデュース
3 リフューズ・リペア
4 リユース
5 レンタル & シェアリング
6 リサイクル

小学校中学年から　A4変型判／各47ページ

N.D.C.518　図書館用特別堅牢製本図書

46ページの「Rの達人検定
リフューズ・リペア編」は
どうだったかな？
全問正解したらきみも達人だ！
達人の認定証をさずけよう。
右のページを
コピーして使ってね。